公寓大廈法務管理教戰手冊

東海國際顧問有限公司——著
林恩瑋——主編

目次 contents

前言

法務管理是物業管理品質的關鍵

民國84年，《公寓大廈管理條例》公布施行，臺灣公寓大廈經營管理正式進入「法治」的階段。「依法而治」做為國家最根本的精神，社區治理，當然也應當要依循法治的精神。

法秩序的建立，使得公寓大廈社區的治理得以更趨於完善；透過建立適法的管理組織，也有助於社區政策及制度的推行。依循著公寓大廈管理條例建構起依法而治的社區，使社區的每一位住戶，都可以受到國家法律完整的保障。

然而公寓大廈管理條例公布施行至今，對於大部分民眾而言，仍舊有許多艱澀難懂的法律條文，加上行政法規經年累積，多如牛毛，要掌握其大要，確實相當不容易。目前為止，市面上也很少見到關於公寓大廈的專門管理書籍，在「公寓大廈法務管理」方面，更是聞所未聞。

這也是本書編纂的動機：**我們希望可以透過這本小書，更有效協助社區建立起完善的公寓大廈法務管理體系。**

而這首先要瞭解的，甚麼是「公寓大廈法務管理」？

所謂公寓大廈法務管理，是指**遵循現行法規架構，讓公寓大廈的管理事務在避免法律風險及減省社區法律成本的前提下，進**

行有效的管理。

社區內遭遇的管理問題，形形色色，而又常與法律規範息息相關。舉凡公共設施應由何人負責維修、社區內可否飼養寵物、管理委員會應如何組成、區分所有權人會議要怎麼開、公共設施遭他人毀損時應如何求償……等，這些問題，都必須在法律的基礎上，建立起合法可行又不失人性的規則，以俾住戶共同遵守。

然而，由於法律專業程度不足，社區民眾在面對某些遊走灰色地帶的管理問題時，常顯得手足無措。而搭配的物業管理人員，素質也良莠不齊，甚至有時違法或是恣意扭曲法律解釋而不自知。因此，社區若能有配合專業法律顧問，提供合乎法規的管理策略建議，或至少物業管理人員能夠具備法務管理的概念，才能規避不必要的管理成本與人事爭執，提升社區的經營品質，為物業財產有效增值。

我們期待透過本書的發行，讓公寓大廈經營管理品質能夠再提升層次。**我們相信，良好的公寓大廈管理，應該從法規遵行架構開始，逐步規劃與協調住戶的權益。從這一個觀點來說，法務管理是物業管理品質的關鍵。**光有五星飯店級的服務，或是國家級的保全，是無法完整處理及確保社區住戶權益問題的。再高級的社區，住戶間如果沒有平和相處的環境，終日人事紛擾，相互傾戈，最終也只是個黃金的牢籠。

東海國際顧問有限公司

全體顧問一同

第一篇｜社區內部法務管理

第一章、區分所有權人會議與管理委員會有何不同？

在公寓大廈的自治組織架構上，依據公寓大廈管理條例之規定，最主要的運作機關有「區分所有權人會議（常稱「**區權會**」）」以及「管理委員會（常稱「**管委會**」）」。它們各自負責的職務是甚麼？組成上有甚麼不同？有沒有層級上的差異呢？現在就讓本書來為您解答。

一、簡介

區分所有權人會議，依據公寓大廈管理條例第3條第7款規定：「區分所有權人會議：指區分所有權人為共同事務及涉及權利義務之有關事項，召集全體區分所有權人所舉行之會議。」基於「社區自治」的理念，公寓大廈社區的經營管理，如執行社區內的大型修繕以及訂定自我約束的規約規範，都必須由所有住戶達成協議，以全體的意志來推動社區政策的執行。為了匯集全體住戶意見，以「區分所有權人會議」，俗稱「社區住戶大會」的民主方式進行決議，是社區管理上的最高決策單位，擔負制訂社區各項重要規約之職責，以資全體住戶共同遵守。

管理委員會，依據公寓大廈管理條例第29條第1項規定：「公寓大廈應成立管理委員會或推選管理負責人。」同條例第3條第9款：「管理委員會：指為執行區分所有權人會議決議事項及公寓大廈管理維護工作，由區分所有權人選任住戶若干人為管理委員所設立之組織。」管理委員會是經由區分所有權人會議決議，選任若干位住戶所組成。其職責在於執行區分所有權人會議決議事項，並綜理社區內大大小小各種庶務，為全體住戶服務。

二、區分所有權人會議與管理委員會組成不同

（一）區分所有權人會議

公寓大廈管理條例第25條第1項規定：「區分所有權人會議，由全體區分所有權人組成。」因此，區分所有權人會議係由公寓大廈的區分所有權人（常稱「區權人」）共同組成，請注意，不是「住戶」喔！「住戶」在公寓大廈管理條例第3條第8款中是有特別定義的，「指公寓大廈之區分所有權人、承租人或其他經區分所有權人同意而為專有部分之使用者或業經取得停車空間建築物所有權者。」換句話說，區分所有權人一定是住戶，但住戶不一定是區分所有權人。而**在區分所有權人會議中，只有區分所有權人有參加會議的資格**，非區分所有權人的住戶是沒有參加區分所有權人會議資格的，這點和管理委員會的組成有基本上的不同。

（二）管理委員會

公寓大廈管理條例第3條第9款及第29條第2項規定：「管理委員會係由區分所有權人選任住戶若干人為管理委員所設立之組織。」、「主任委員、管理委員之選任，依區分所有權人會議之決議。但規約另有規定者，從其規定」。因此，管理委員會之組成係透過區分所有權人選任「住戶」若干人為管理委員。而選任之程序，是依據區分所有權人會議決議方式進行的。

不過，第29條第2項但書也同時規定：「**但規約另有規定者，從其規定。**」因此，管理委員之選任方式，也可以不用區分所有權人會議決議的方式來選任。

例如，區分所有權人會議可以在社區規約規定，本社區按照大樓樓層區分，以輪流之方式，每一屆由不同樓層之住戶擔任管理委員。自當屆委員任期屆滿後，即由接下來輪流到的住戶擔任下一屆委員。但由於社區規約之制定需經過區分所有權人會議決議，因此若社區如果要採用輪流擔任管理委員的制度，還是需先通過區分所有權人會議決議，把遊戲規則明訂在社區規約中，方得為之。

三、區分所有權人會議與管理委員會功能不同

（一）區分所有權人會議

區分所有權人會議乃是匯集社區所有住戶意見的殿堂，凡是

社區的住戶都有權利在會議上發表自己的意見，並透過民主投票之方式，決定社區重要事務的執行方向，是「私法自治」及「社區自治」精神之體現。如果說社區是「國家」，區分所有權人會議就相當於社區的「國會」，針對社區所面臨的重大問題或議題進行討論及投票表決。

社區常見的重大問題或議題，例如「重大修繕」，公寓大廈管理條例第11條第1項規定：「共用部分及其相關設施之拆除、重大修繕或改良，應依區分所有權人會議決議為之。」由於社區內公設之重大修繕牽涉到公共基金的重大支出，因此須經區分所有權人會議之決議，才能執行。

此外，由於管理委員在執行區分所有權人會議之決議事項及社區管理維護工作上佔了極為重要的角色，應由哪些適任的住戶來擔任委員是不得馬虎的，因此委員的選任亦屬於社區之重大議題，須經由區分所有權人會議之決議為之。

（二）管理委員會

管理委員會是受區分所有權人會議選任的「執行機關」，負責執行區分所有權人會議所作出之決議，並受全體住戶的監督。管理委員會若是怠於執行，或是逾越了區分所有權人會議的決議，恣意妄行政策，違反公寓大廈管理條例的規定，將可能受到相對應的行政處罰。

依據公寓大廈管理條例第36條各款之規定，管理委員會之職務如下：

1. 區分所有權人會議決議事項之執行。
2. 共有及共用部分之清潔、維護、修繕及一般改良。
3. 公寓大廈及其周圍之安全及環境維護事項。
4. 住戶共同事務應興革事項之建議。
5. 住戶違規情事之制止及相關資料之提供。
6. 住戶違反公寓大廈管理條例第6條第1項規定之協調。
7. 收益、公共基金及其他經費之收支、保管及運用。
8. 規約、會議紀錄、使用執照謄本、竣工圖說、水電、消防、機械設施、管線圖說、會計憑證、會計帳簿、財務報表、公共安全檢查及消防安全設備檢修之申報文件、印鑑及有關文件之保管。
9. 管理服務人之委任、僱傭及監督。
10. 會計報告、結算報告及其他管理事項之提出及公告。
11. 共用部分、約定共用部分及其附屬設施設備之點收及保管。
12. 依規定應由管理委員會申報之公共安全檢查與消防安全設備檢修之申報及改善之執行。
13. 其他依本條例或規約所訂事項。

四、區分所有權人會議與管理委員會層級不同

公寓大廈管理條例第3條第9款及第36條第1款規定：「管理委員會為執行區分所有權人會決議之組織」、「管理委員會之職務乃執行區分所有權人會議決議事項」。

管理委員會乃是由區分所有權人會議決議選出組成，組成之

主要目的便是代替區分所有權人會議執行決議事項之機關。**公寓大廈管理條例中並無明文管理委員會有否決區分所有權人會議決議之權限**，換言之，不論區分所有權人會議之決議為何，管理委員會均負有執行決議事項之義務，**無正當理由不得拒絕執行之**。

倘若管理委員會無正當理由拒絕執行區分所有權人會議之決議事項，直轄市、縣（市）主管機關得依公寓大廈管理條例第48條第4款規定，對管理委員會處以新臺幣1,000元以上5,000元以下罰鍰，並得令管理委員會限期改善或履行義務；屆期不改善或不履行者，得連續處罰。

另外，由於管理委員會是住戶們透過選舉選任出來為社區服務的組織，因此，管理委員會必須要對區分所有權人會議即全體住戶負責，倘若有怠於執行職務或僭越區分所有權人會議所授權之職務範圍者，區分所有權人會議得依公寓大廈管理條例第29條第2項後段規定，做成決議或依社區規約規定，將不適任之委員解任。

自上開說明可知，管理委員會在執行職務上必須依照區分所有權人會議之決議、規約及法令所規定的範圍內為之，不得有僭越之情事。決議及社區規約均是透過區分所有權人會議所產生。因此，在層級上，我們可以認知到，區分所有權人會議之層級應該係高於管理委員會的。

重點整理

區分所有權人會議與管理委員會之區別

	區分所有權人會議	管理委員會
組成不同	由公寓大廈的區分所有權人共同組成	由區分所有權人選任「住戶」若干人為管理委員所組成
功能不同	社區常見的重大問題或議題之決議及管理委員會之選任	執行區分所有權人會議所作出之決議
層級不同	產生社區重大議案之決議及社區規約	在執行職務上必須依照區分所有權人會議之決議、規約及法令所規定的範圍內為之，並受區分所有權人會議監督

法條補充

■公寓大廈管理條例第48條第4款

「有下列行為之一者，由直轄市、縣（市）主管機關處新臺幣一千元以上五千元以下罰鍰，並得令其限期改善或履行義務、職務；屆期不改善或不履行者，得連續處罰：

四、管理負責人、主任委員或管理委員無正當理由未執行第三十六條第一款、第五款至第十二款所定之職務，顯然影響住戶權益者。」

■公寓大廈管理條例第29條第2項

「公寓大廈成立管理委員會者，應由管理委員互推一人為主任委員，主任委員對外代表管理委員會。主任委員、管理委員之選任、解任、權限與其委員人數、召集方式及事務執行方法與代理規定，依區分所有權人會議之決議。但規約另有規定者，從其規定。」

第二章、
區分所有權人會議的內部法務管理

一、區分所有權人會議要如何召開？

區分所有權人會議（簡稱「區分所有權人會議」）是一個讓社區住戶發表對社區經營意見的場合，使每位住戶都有機會參與到社區的經營管理，真正落實社區自治的精神。依照公寓大廈管理條例第3條第7款的規定：「區分所有權人為共同事務及涉及權利義務之有關事項，召集全體區分所有權人所舉行之會議。」簡而言之，社區可以透過召開區分所有權人會議，由全體住戶共同決定社區內會影響到全體住戶權利的重大議案，例如修訂規約、重大支出決定、執行公設的重大修繕或改良、管理委員選舉等。

那麼，區分所有權人會議應該要怎麼召開？多久召開一次？又是由哪些成員來組成的呢？

1.新社區第一次召開區分所有權人會議

成立第一屆管理委員會前，先召開第一次區分所有權人會議

根據公寓大廈管理條例第29條第1項規定：「公寓大廈應成立管理委員會或推選管理負責人。」因此，社區如果要管理，必須先成立管理委員會，或推選管理負責人。

而根據第3條規定：「管理委員會：指為執行區分所有權人會議決議事項及公寓大廈管理維護工作，由區分所有權人選任住戶若干人為管理委員所設立之組織。」、「管理負責人：指未成立管理委員會，由區分所有權人推選住戶一人或依第二十八條第三項、第二十九條第六項規定為負責管理公寓大廈事務者。」換句話說，成立管理委員會，或推選管理負責人，必須先召開區分所有權人會議，才能進行選任事務。

由起造人召開第一次區分所有權人會議

如果買了新大樓住新房子，左鄰右舍完全不認識，社區的住房率甚至都還沒超過一半，一切都是從零開始，那麼要怎麼召開第一次的區分所有權人會議，選出第一屆的管理委員會呢？

根據公寓大廈管理條例第28條第1項規定「公寓大廈建築物所有權登記之區分所有權人達半數以上及其區分所有權比例合計達半數以上時，起造人應於三個月內召集區分所有權人會議，成立管理委員會或推選管理負責人，並向直轄市、縣（市）主管機關報備。」

因此在新居落成的社區若要召開第一次的區分所有權人會議，應由「起造人」，通常也就是建設公司，於所有權登記的區分所有權人達半數以上及所有權比例合計達半數以上時（大概就是大樓賣超過一半時），在三個月內召開區分所有權人會議，並在會議中成立管理委員會或是推選出管理負責人。

第一次區分所有權人會議遲不召開，起造人會被罰鍰

要是起造人未依上開第28條規定，於所有權登記的區分所有權人達半數以上及所有權比例合計達半數以上時，在三個月內召開區分所有權人會議，並在會議中成立管理委員會或是推選出管理負責人，是否會受到主關機關之處罰呢？答案是，會的。依照公寓大廈管理條例第47條第1款規定「起造人違反第28條所定之召集義務者，直轄市、縣（市）主管機關得處新臺幣3,000元以上15,000元以下罰鍰，並得令其限期改善或履行義務、職務；屆期不改善或不履行者，得連續處罰。」

2.舊社區第一次召開

公寓大廈管理條例於民國84年6月28日公布施行，並在條例中明訂，起造人應依條例第28條第1項規定，召開社區第一次區分所有權人會議，並成立管理委員會或推選管理負責人，未依規定為之者將受處管機關裁罰。但由於公寓大廈管理條例並無溯及既往之規定，因此，在條例公布施行前已取得建造執照、興建完成的社區，將無法依照公寓大廈管理條例強制起造人召開第一次區分所有權人會議。

那麼，尚未開過任何一次區分所有權人會議或久未召開區分所有權人會議且又無成立管理委員會或推選管理負責人之社區應如何在符合法定程序之要求下，召開區分所有權人會議呢？

區分所有權人互推一人為召集人，召開第一次區分所有權人會議

公寓大廈管理條例第25條第3項中段規定「無管理負責人或管理委員會，或無區分所有權人擔任管理負責人、主任委員或管理委員時，由區分所有權人互推一人為召集人。」由於尚未召開過或久未召開區分所有權人會議之社區，原則上並不會有成立管理委員會或推選管理負責人（倘若有也是違法法定程序的，後將詳述）因此便應適用本條項之規定，由區分所有權人互推一人擔任召集人，來召開第一次區分所有權人會議。

上述召集人之推選方式，應依公寓大廈管理條例施行細則第7條之規定辦理之。

3.定期區分所有權人會議

在社區開了第一次的區分所有權人會議並成立管理委員會或推選管理負責人後，按公寓大廈管理條例第25條第1項「區分所有權人會議，由全體區分所有權人組成，每年至少應召開定期會議一次。」若區分所有權人會議之召集人未依本條規定每年至少召開一次區分所有權人會議，則為違反上開第25條所定之召集義務，主管機關得依公寓大廈管理條例第47條第1款對召集人進行裁罰。

管理委員會主委或委員為召集人

負責召開會議之人，在公寓大廈管理條例中稱「召集人」。按公寓大廈管理條例第25條第3項前段之規定「區分所有權人會議除第二十八條規定外，由具區分所有權人身分之管理負責人、管理委員會主任委員或管理委員為召集人」原則上應由社區內具有區分所有權人身分的管理負責人、管理委員會主任委員或管理委員來擔任會議召集人。

區分所有權人互推一人為召集人

但如果社區內沒有具有區分所有權人身分的管理負責人、管理委員會主任委員或管理委員，則按同條項中段之規定「無管理負責人或管理委員會，或無區分所有權人擔任管理負責人、主任委員或管理委員時，由區分所有權人互推一人為召集人」就需要全體區分所有權人互推一人擔任召集人召開區分所有權人會議。無推選管理負責人或成立管理委員會之社區也是採取互推一人擔任召集人召開區分所有權人會議之辦法。

那區分所有權人之間要互推一位召集人應如何互推呢？根據公寓大廈管理條例施行細則第7條第1項規定「應有區分所有權人二人以上書面推選，經公告10日後生效」如果同時間有數人被推選為召集人，或是在公告期間有其他住戶被推選了，則應以推選的區分所有權人人數較多者擔任召集人，如人數相同則以區分所有權比例合計較多者擔任。若推選人不是在同一日公告，則公告日數應自新被推選人被推選之次日起算。

管理委員會主委或委員拒絕召開區分所有權人會議

然而，需特別注意的是，**倘具有區分所有權人身分之主任委員及管理委員均拒絕召開臨時區分所有權人會議時**，此情況並不可稱之為「無管理負責人或管理委員會，或無區分所有權人擔任管理負責人、主任委員或管理委員時」。因按公寓大廈管理條例第25條第3項之規定，當有「具區分所有權人身分之管理負責人、管理委員會主任委員或管理委員」時，即應由上述符合資格者擔任召集人。其拒絕召開臨時區分所有權人會議時，不得謂之為「無管理負責人或管理委員會，或無區分所有權人擔任管理負責人、主任委員或管理委員時」，而由區分所有權人互推一人擔任召集人。也就是說，這應該是**符合召集人資格之管理負責人、主任委員、管理委員，違反第25條所定之召集義務的情形，而依據公寓大廈管理條例第47條第1款之規定，主管機關應予以處罰。**

區分所有權人得依公寓大廈管理條例第59條規定「區分所有權人會議召集人、臨時召集人、起造人、建築業者、區分所有權人、住戶、管理負責人、主任委員或管理委員有第四十七條、第四十八條或第四十九條各款所定情事之一時，他區分所有權人、利害關係人、管理負責人或管理委員會得列舉事實及提出證據，報直轄市、縣（市）主管機關處理。」，舉證報請主管機關處理。

4.臨時區分所有權人會議

按公寓大廈管理條例規定，除了依第25條第1項每年至少應召開定期區分所有權人會議1次外，管理負責人、管理委員會或區分所有權人尚可以在符合法定要件之情況下要求會議召集人召開臨時區分所有權人會議。召開臨時區分所有權人會議應符合哪些法定要件呢？茲說明如下。

臨時區分所有權人會議的法定要件

根據公寓大廈管理條例第25條第2項之規定，有以下其中一種情形發生時，應召開臨時區分所有權人會議：

I. 發生重大事故有及時處理之必要，經管理負責人或管理委員會請求者。

II. 經區分所有權人1/5以上及其區分所有權比例合計1/5以上，以書面載明召集之目的及理由請求召集者。

在發生了上述兩種情況時，召集人就應該要按照程序召開區分所有權人會議。

值得一提的是，何謂上開法條所謂的「重大事故有及時處理之必要」？通常係指臨時應透過區分所有權人會議決議方能解決之社區問題，否則將造成社區運作空轉之情形。舉例而言，例如：

（1）社區共用部分有重大修繕之必要，須經由區分所有權人會議決議者。

（2）管理委員會過半數以上之委員請辭，須召開臨時會議補選委員。

（3）管理委員會拒絕執行區分所有權人會議之決議，造成社區運作空轉，而需召開臨時會議要求或解任不適任之委員。

（一）會議多久召開一次

依公寓大廈管理條例第25條第1項規定，定期會議應每年至少召開一次。但如有該條第2項的情況發生，則可以召開臨時會議。

是否至少一年要召開一次區分所有權人會議？

公寓大廈管理條例第25條第1項規定，每年應至少召開1次區分所有權人會議，但如果社區透過區分所有權人會議決議或修改規約之方式，將召開區分所有權人會議之頻率降低為每兩年召開一次，該決議或規定是否有效？

在公寓大廈管理條例第25條第1項中，並未有「規約或區分所有權人會議決議如另有規定者，從其規定」等類似條文。由此可知，區分所有權人會議之召開與社區維持正常運作以及維護住戶之權利有密切的相關，立法者並無意賦予區分所有權人會議決定召開區分所有權人會議最低頻率之權限，而直接在法律中訂明召開會議之最低頻率。

就性質而言，上開第25條第1項之乃屬強制規定，社區不得逕在規約中訂定違背該規定之約定或是在區分所有權人會議中作出違背法令之決議。違反之規約條文或決議按民法第71條本文（法律行為，違反強制或禁止之規定者，無效。）之規定，應屬無效。而同時，由於召集人未依第25條第1項規定召集區分所有權人會議，主管機關得依第47條第1款規定處罰之。

（二）會議成員組成

1.原則上僅區分所有權人有參與區分所有權人會議資格

所謂區分所有權人會議，按公寓大廈管理條例第3條第7款規定「係指區分所有權人為共同事務及涉及權利義務之有關事項，召集全體區分所有權人所舉行之會議。」故區分所有權人會議係由區分所有權人所組成的會議。

另從召開區分所有權人會議之目的而論，會議的目的就是為了要就與區分所有權人們權利義務相關之議案進行決議，涉及區分所有權人之權利義務，因此會議參與的人員應以區分所有權人為原則。

2.可以書面委託代理出席

但如果區分所有權人因故無法出席區分所有權人會議的話，可否委託他人出席呢？按公寓大廈管理條例第27條第3項前段規定「區分所有權人因故無法出席區分所有權人會議時，得以書面委託配偶、有行為能力之直系血親、其他區分所有權人或承租人代理出席。」因此，區分所有權人因故無法出席區分所有權人會議者，得製作委託書委託配偶、有行為能力之直系血親、其他區分所有權人或承租人代理出席行使表決權，並應在委託書上載明委託人及受託人之姓名、委託事項、委託權限等。

3.接受委託權數有限制

惟須特別注意的是，單一受託人可接受委託之區分所有權比例或人數均不得超過1/5，超過者將不予計算。公寓大廈管理條例第27條第3項後段規定「受託人於受託之區分所有權占全部區分所有權五分之一以上者，或以單一區分所有權計算之人數超過區分所有權人數五分之一者，其超過部分不予計算。」因此，區分所有權人在委託他人代理出席區分所有權人會議或受託人在接受區分所有權人之委託時，必須務必要注意上開限制，否則將造成已接受了委託，但卻無法行使表決權之困境。

本公司梁仕維總經理協助社區辦理區權會

重點整理

如何召開區分所有權人會議

區分所有權人會議類型	召開時點	由何人召開	目的	未召開之處罰
新社區第一次召開區分所有權人會議	登記之區分所有權人達半數以上及其區分所有權比例合計達半數以上	起造人	選出第一屆管委會、訂定規約	起造人受處罰
舊社區第一次召開區分所有權人會議	尚無明文規定，但應盡速	區分所有權人互推一人為「召集人」	選出第一屆管委會、訂定規約	目前尚無明文
定期區分所有權人會議	每年應至少召開一次	主任委員或委員為「召集人」或區權人互推一人為「召集人」	管委會選舉、社區重大議案決議	召集人受處罰
臨時區分所有權人會議	有公廈條例第25條第2項之兩種情事時	主任委員或委員為「召集人」或區權人互推一人為「召集人」	臨時應透過區權會議決議方能解決之社區問題	召集人受處罰

區分所有權人會議多久召開一次

原則：公寓大廈管理條例第25條第1項→每年應至少召開一次				
規約能否將開會頻率降低？	→	公寓大廈管理條例第25條第1項為強制規定	→	規約不可將開會頻率降低

二、區分所有權人會議要如何進行？

（一）訂定議程

就如同一般的會議，開會前最重要的工作便是先排定議程。此舉除了是確保會議進行的效率，最重要的目的在於使與會者得以事先知曉會議的內容以及開這場會議的目的，並且可以事前針對會議內容進行準備。召開區分所有權人會議時亦應當如此。

（二）寄發開會通知

訂定完議程後，召集人即應依公寓大廈管理條例第30條第1項之規定，以書面製作開會通知，內容須載明開會內容，並於開會前10日寄發通知各區分所有權人。寄發開會通知之目的，即是為了使參與會議的區分所有權人得以在開會前就先了解開會內容，並且得先行研究會議內容，以利在會議中發表意見。此舉最重要之目的在於保障每一位參與會議的區分所有權人避免被突襲的權利以及在會議中發表意見的權利。

（三）正式開會

1.簽到、統計出席人數

為何簽到和統計出席人數此一流程必須在會議的一開始就執

行呢？根據公寓大廈管理條例第31條規定「區分所有權人會議之決議，除規約另有規定外，應有區分所有權人2/3以上及其區分所有權比例合計2/3以上出席，以出席人數3/4以上及其區分所有權比例占出席區分所有權3/4以上之同意行之。」因此，區分所有權人會議在進行決議時，是有出席人數門檻的。若出席參與區分所有權人會議的人數未達法定或規約門檻的話，則該次會議所作出的決議均為無效，該次會議將被視為流會。因此應當在會議的一開始先統計出席人數，確認出席人數已達法定或規約門檻，再進行議案的討論。

2.討論議案

進入到了會議的核心階段，「討論議案」。在這個階段將由主席引導與會的住戶依序討論開會通知上的議案。由主席或主持人說明議案的主軸，說明為何要討論此議案，並且再由住戶們彼此交換意見。在多方的意見交換後，形成一由大多數人所構成的共識。

3.投票表決

在討論完議案後，決定議案討論結果的方式，就是透過投票表決。議案的型態有百百種，最常見的議案就是「是否同意管理委員會執行〇〇工作」。因為一場會議中，要表決的議案項目可能不只一項，若每一項議案進行表決都要以紙本圈選的方式來進行，時間和物質成本上可能會過高，因此建議社區在開區分所有權人會議時，可以在簽到時就發給與會的區分所有權人「同意」

與「不同意」的牌子，並在表決議案時讓區分所有權人舉起牌子來表示意見。

4.委員選任

委員的選任不一定每一次區分所有權人會議都會進行選任，應視社區規約而訂。在委員選任的部分，其選舉方式相較於議案表決，選擇用紙本圈選投票的方式則較為佳。通常若該次區分所有權人會議須選任新任管理委員，則召集人應在開會通知書上載明本次候選的委員名單，並進行候選人編號。區分所有權人在選任時，得以在選票上勾選或圈選候選人的方式進行表決，並在圈選完成後，將票投入票箱以完成投票。

5.臨時動議

議程的最後來到臨時動議。所謂的臨時動議係指與會的區權人在主席宣布會議進入到「臨時動議階段時」，提出在開會通知單上所未預定排程之議程。但針對臨時動議，需特別注意的是，公寓大廈管理條例中有規定，委員之選任事項，不得於臨時動議中提出（公寓大廈管理條例第30條第2項「管理委員之選任事項，應在前項開會通知中載明並公告之，不得以臨時動議提出。」）；另外在「重新開議」之議程中亦不得提出臨時動議。公寓大廈管理條例第32條第1項前段規定重新開議之召集人僅得就原區分所有權人會議之同一議案重新召集會議。由於臨時動議並非屬與原召開之區分所有權人會議之同一議案，故而不得在重新開議時提出。

三、疫情期間應如何辦理區分所有權人會議？

疫情之下，最佳的防疫措施便是杜絕群聚以及避免不必要之集會。那麼在疫情警戒期間，若社區想召開區分所有權人會議，則應該如何辦理，才可以達到保障區分所有權人參與社區公共事務的權利、順利執行社區事務以及保護社區成員免於疫病的危害？主要有幾點方式，可供各位民眾參考：

（一）戴口罩、實行實聯制以及酒精消毒

配合中央流行疫情指揮中心的指示，所有參與會議的人員，不論是住戶或是會議輔助人員，均應確實配戴口罩、落實實聯制的執行以及以酒精或漂白水將投票所需用到的公共器材進行澈底消毒。

（二）採行只投票，不集會討論會議模式

由於在嚴重疫情期間，進行集會討論並不是一個理想進行會議的方式，但社區事務之推行以及管理委員的改選又不能因疫情的關係而懸而未決。因此，社區可考慮透過改變會議召開的型態，讓住戶們不群聚在一起討論議題，提前在投票前就讓住戶先了解議案內容，會議當天僅進行報到及投票，藉此來做出區分所有權人會議的決議，避免群聚。

（三）社區內部凝聚開會共識

倘若採取「只投票，不集會討論」的會議模式，並非一般所常見的會議召開方式，缺少了「集會討論」此要素，對於住戶而言可能會心生疑慮，並質疑會議流程的正當性。因此在以「疫情模式」召開會議之前，建議管理委員會事先以問卷調查、線上表單或通訊軟體群組投票等方式，匯集住戶意見，看大家是否同意在疫情期間採取此種較為特殊的開會方式，若同意人數到達規約規定區分所有權人會議決議的人數門檻，則得以召開之。

要注意的是，上述討論的「事先徵得住戶同意」，並非公寓大廈管理條例所規定的法定程序，其目的是在於凝聚社區住戶們的開會共識，並藉此取得召開會議的民意基礎，以避免日後的爭議。

（四）開會通知中說明會議進行方式及議案內容

在獲得了住戶們的同意之後，接著便是寄發開會通知。與以往召開區分所有權人會議所寄發之開會通知所不同的是，在開會通知中應載明「因配合防疫避免群聚，經管理委員會決議及社區意見討論與交流取得共識後，本次區分所有權人會議將採分棟、分區、分時報到（人數上限依防疫等級而定），僅進行議案表決與管理委員會委員選舉，針對『工作與財務報告』採書面審核，區分所有權人可針對內容提出建議，填寫意見單交至報到處由管理委員會於會後統一答覆。」並同時應載明「詳細的議案表決內容」讓住戶可以僅透過書面就了解應表決之議案內容，以做出適當的表決。

（五）採分流方式報到、投票

為避免群聚，除了將議案討論的環節改為事先讓住戶明瞭議案內容外，投票表決的方式也同樣需要有所調整。投票的方式可以調整為「分棟、分區、分時」的分流報到、投票形式。分流的方式各社區可以依照社區型態的不同做調整，例如有的社區僅獨棟數十戶，則可以單純以區分樓層、分時到社區定點進行投票；倘若是有數棟，住戶數達上百戶的社區，則可以在每一棟的定點均設置投票箱，並同樣依樓層讓住戶分時到定點進行投票。核心概念即是在分散人流，最大化的降低住戶與住戶之間的接觸。

（六）除投票外，禁止其他集會活動

社區住戶在完成投票後，應立即返回住家，切忌留在會場與他人進行不必要的交談。協助會議進行之人員應嚴格控管會場人數，避免造成過度群聚，形成防疫破口。

第三章、
管理委員會的內部法務管理

一、管理委員會選舉要如何召開？

（一）如何組成：

1.新社區

新落成的社區應如何成立第一屆的管理委員會呢？在前一章討論到新社區應如何召開第一次的區分所有權人會議時，便有提到，依據公寓大廈管理條例第28條第1項之規定：

「公寓大廈建築物所有權登記之區分所有權人達半數以上及其區分所有權比例合計半數以上時，起造人應於三個月召集區分所有權人召開區分所有權人會議，成立管理委員會或推選管理負責人，並向直轄市、縣（市）主管機關報備。」

由此可知，依據公寓大廈管理條例之規定，起造人（通常係指建設公司）於公寓大廈建築物所有權登記之區分所有權人達半數以上及其區分所有權比例合計半數以上時所召開之「第一次區分所有權人會議」，最主要之目的便是透過會議之決議成立管理委員會。

當管理委員會成立後，起造人就可以卸下管理負責人之身分（公寓大廈管理條例第28條第3項「起造人於召集區分所有權人召開區分所有權人會議成立管理委員會或推選管理負責人前，為公寓大廈之管理負責人。」），將社區管理維護之職務全部轉交新成立的管理委員會。

第一次區分所有權人會議未能成立管理委員會時：應重新召開區分所有權人會議

起造人召集之第一次區分所有權人會議因出席人數未達公寓大廈管理條例第31條規定之定額而未能成立管理委員會時，起造人能否主張已經履行法定義務召開區分所有權人會議，而不再召開區分所有權人會議直到管理委員會成立？按公寓大廈管理條例第28條第2項後段之規定「出席區分所有權人之人數或其區分所有權比例合計未達第三十一條規定之定額而未能成立管理委員會時，起造人應就同一議案重新召集會議一次。」因此，若第一次會議出席之區分所有權人人數或區分所有權比例合計未達第31條規定之定額而無法成立管理委員會時，起造人應當重新召開會議。

同樣，倘若起造人未依上開第28條各項規定召開區分所有權人會議成立管理委員會或推選管理負責人，並向主管機關報備者，主管機關應依公寓大廈管理條例第47條規定處罰之。

2.舊社區首次成立

如同前一章「舊社區應如何召開第一次區分所有權人會議」之說明，由於公寓大廈管理條例無溯及既往之規定，無法條強制要求舊社區應成立管理委員會，因此造成許多不諳公寓大廈管理條例之民眾無所適從，不知應如何成立管理委員會。但儘管條文中並無強制舊社區成立管理委員會以及應如何成立之規定，仍可依公寓大廈管理條例第25條第3項規定辦理之：

「若社區無區分所有權人擔任管理負責人、主任委員或管理委員時，**得由區分所有權人互推一人為召集人。**」

並由此召集人召開區分所有權人會議，透過區分所有權人會議決議成立管理委員會。

如何推選召集人：除規約另有規定外，應有區分所有權人二人以上書面推選，經公告10日後生效。（公寓大廈管理條例施行細則第7條第1項規定）

（二）如何選舉：

公寓大廈管理條例第29條第2項規定：

「公寓大廈成立管理委員會者，應由管理委員互推一人為主任委員，主任委員對外代表管理委員會。主任委員、管理委員之選任、解任、權限與其委員人數、召集方式及事務執行方法與代理規定，依區分所有權人會議之決議。但規約另有規定者，從其規定。」

管理委員之選任、解任應透過區分所有權人會議之決議或另由規約規定之。換言之，就是透過區分所有權人會議決議之方式來選任或解任管理委員。（相關選舉方式請參考本書第1篇第2章）

管理委員會最常見的選舉方式便是透過表決的形式，由區分所有權人將其選票投給其認為最適合擔任管理委員之人，並由得票數最高者擔任管理委員。但實務上，可能有某些社區的委員已經當了好幾屆的管理委員，實在因為公務過於繁忙，不願再擔任管理委員，但每次選舉新一屆管理委員會時，還是被其他區分所有權人表決擔任管理委員。因此，為了避免這種狀況發生，且讓更多區分所有權人得以參與社區公共事務，亦有其他種選舉方法，供讀者參考：

1.抽籤制

為每位區分所有權人均製作一張籤，並由會議主席在區分所有權人會議中抽選出當屆之管理委員，被選到的區分所有權人若無正當理由、擔任管理委員顯有困難者，如長期不居住在社區，否則不得拒絕擔任管理委員（得在規約中訂定在符合哪些情況下可以不用擔任管理委員以及不符合資格但卻依然拒絕擔任管理委員之處罰規定）。並得制定在所有住戶均被抽籤到擔任管理委員之前，擔任過管理委員之住戶得豁免不再進入候選名單。

2.輪流制

與抽籤制其實相當類似，也是希望可以讓每位區分所有權人均有機會接觸社區公共事務。相異之處在於，若是以輪流制進行，應在規約中訂明如何輪替。如實務上有社區之輪替方式即是以樓層來區分，第一屆由居住在2樓及3樓之住戶擔任管理委員，第二屆則由4樓及5樓之住戶擔任，依此類推。其他常見的方法亦有以「棟」、「區」來區分輪替的，社區得依自身之實際情況來做安排。另外，可以如抽籤制一般制定在符合哪些情況下得拒絕擔任管理委員以及豁免制度。

另外，如係採取傳統選舉之方式進行管理委員選任，亦有選舉方法上之差別，常見的方法分述如下：

（1）分區選舉（依據棟數）

實務上最常見的分區選舉便是依照各棟來區分，各棟的區分所有權人間分開投票，如A棟的區分所有權人投A棟的候選人，B棟的投B棟的，依此類推。各棟將各自選出可以代表該棟的管理委員，並由代表各棟的管理委員組成管理委員會。但多半採取此種選舉方式的均為較為大型、由多棟住宅集合而成的社區。

（2）統一選舉

上述提到的分區選舉，就其性質及運作方式而言較為適合大型社區，若是小型社區，則大多還是採用統一選舉之方式。即不做分區，全體區分所有權人直接統一選舉，自所有區分所有權人當中選出管理委員。

應特別注意的是，上述的**選舉方式均應經由區分所有權人會議決議同意，並明訂在社區規約**之中。

（三）管理委員會有無基本委員數需求：

按公寓大廈管理條例第29條第2項規定「主任委員、管理委員之選任、解任、權限與其委員人數，依區分所有權人會議之決議。但規約另有規定者，從其規定。」社區管理委員會之人數，應由區分所有權人會議決議訂之，或明訂於社區規約之中。

公寓大廈管理條例雖未就管理委員會的委員人數有明文的規定，但自條例第29條第3項關於委員連任限制之規定以及規定的目的可知，管理委員會除了主任委員外，還需有兩位執掌重要職務的委員，分別是「財務委員」以及「監察委員」（即俗稱「主監財」），至少由此三人組織管理委員會，才可以有效的使管理委員會發揮效能以及達到監督效果。因此，管理委員會之組成最少要有3名管理委員，最多則沒有人數限制，其餘的職位可以依照各社區實際需求自行增設。

關於管理委員會應由多少管理委員組成，實際上可以依照社區人數之多寡決定。例如前一段說明提到有的社區會分區來選出代表各區的管理委員，因此分區之數量就會直接反映在管理委員會之人數上。另外也可以參考內政部所公布之《公寓大廈規約範本》第3章第11條第2項管理委員會之組成之建議，該範例建議社區得設置主任委員、副主任委員、財務委員、監察委員及其他數名委員，並同時得設置候補委員，如現任委員因故解任時，由候補委員接手解任委員之職務。

註：公寓大廈管理條例第29條第3項「管理委員、主任委員及管理負責人之任期，依區分所有權人會議或規約之規定，任期一至二年，主任委員、管理負責人、負責財務管理及監察業務之管理委員，連選得連任一次，其餘管理委員連選得連任。」本條特別針對主任委員、管理負責人、負責財務管理

及監察業務之管理委員之任期做限制，係因為上述這些職位的委員對於社區而言都是相當重要的職位，**若是不限制其任期，則很可能會造成讓某些住戶長期占據社區重要職位，把持社區業務，排除其他住戶參與社區事務的機會。**

重點整理

管理委員會選舉要如何召開

如何組成	新社區： 起造人應擔任召集人召開社區首次區分所有權人會議，選任管理委員，成立管理委員會。
	舊社區： 由區分所有權人互推一人為召集人召開區分所有權人會議，選任管理委員，成立管理委員會。
如何選舉	傳統選舉作法： 1.分區選舉（依據棟數） 2.統一選舉
	調整作法： 1.抽籤制 2.輪流制
	備註：上述選舉方式均應經由區分所有權人會議決議同意，並明訂於社區規約之中。
管理委員會有無基本委員數需求	並無特別明文，但應至少有「主任委員」、「監察委員」、「財務委員」。

二、管理委員會會議要如何進行？

（一）實體或線上？

有關管理委員會召集方式及事務執行方式，按公寓大廈管理條例第29條第2項中段規定「應依區分所有權人會議之決議。但規約另有規定者，從其規定。」由此可知，管理委員會召集方式及事務執行方式如未經區分所有權人會議之決議或納於規約者，不生效力。

召開方式須明訂於社區規約

因此不論管理委員會會議之召開方式欲以實體或線上（如在Line群組視訊會議）之方式進行均不受法律之限制，公寓大廈管理條例並未明文規定管理委員會會議的召開必須以實體會議之方式進行。惟召開會議之方式，不論是以實體或是線上之方式，按上開第29條第2項之規定，均必須明文規定於社區規約之中，否則將不生效力。

如社區規約明訂得以線上方式召開管理委員會會議時，會議進行前必需要特別確認清楚參與委員之身分，並應製作完整的會議紀錄，供利害關係人依公寓大廈第35條規定請求閱覽。參內政部108.12.25內授營建管字第1080823489號函：

「參照會議規範第11條第1項規定：『議事紀錄：開會應備置議事紀錄，其主要項目如左……』。綜上，基於公寓大廈管理自治之精神，管理委員會召集方式及事務執行方式依區分所有權人會議之決議或依規約規定方式辦理，本條例尚無限制，惟仍應做成會議紀錄，並包括會議規範第11條第1項所列主要項目，以便於後續提供閱覽或影印之需求。」

（二）會議應多久召開一次？

公寓大廈管理條例第29條第2項規定「管理委員會之召集方式及事務執行方法，依區分所有權人會議之決議。但規約另有規定者，從其規定。」**管理委員會會議應多久召開一次，公寓大廈管理條例中並未有明文規定**，按前開規定，應由社區在規約中自行訂定之。實務上，多半社區在規約中規定管理委員會應每月均至少召開會議一次，每一個月討論該月社區所遇到的問題及應處理之事務。如此一來方得有效率地執行社區公共事務，並維持社區管理一定之品質。

但各社區仍得依照自身實際之情況來訂定管理委員會召開會議之頻率，惟必需要納入考量的是，應如何才得以有效率的管理社區。可參考內政部公布之《公寓大廈規約範本》第三章第14條規定，建議可在規約約定每二月召開一次管理委員會會議。

（三）進行流程

管理委員會會議召開即進行之流程，公寓大廈管理條例並未明文規定，僅於第29條第2項中規定應由區分所有權人會議決議或規約定之。

參考《公寓大廈規約範本》：

第六條——管理委員會會議之召開

一、主任委員應每二個月召開管理委員會會議乙次。

二、管理委員會會議，應由主任委員於開會前七日以書面載明開會內容，通知各管理委員。

三、發生重大事故有及時處理之必要，或經三分之一以上之委員請求召開管理委員會會議時，主任委員應儘速召開臨時管理委員會會議。

四、管理委員會會議應有過半數以上之委員出席參加，其討論事項應經出席委員過半數以上之決議通過。管理委員因故無法出席管理委員會會議，得以書面委託其他管理委員出席。但以代理一名委員為限，委託書格式如附件三之一。

五、有關管理委員會之會議紀錄，應包括下列內容：

（一）開會時間、地點。

（二）出席人員及列席人員名單。

（三）討論事項之經過概要及決議事項內容。

六、管理委員會會議之決議事項，應作成會議紀錄，由主席簽名，於會後十五日內公告之。

重點整理

管理委員會會議要如何進行

實體或線上	召開方式需明訂於社區規約。如社區規約有名定其召開方式為何者，依其規定。
會議應多久召開一次	由社區規約訂定，建議應至少每一個月或兩個月召開一次會議。
進行流程	可參考內政部所頒佈之《公寓大廈規約範本》第六條〈管理委員會會議之召開〉

本公司擔任臺中市著名社區之法律顧問，圖左為張瑋妤律師

三、管理委員會有甚麼職權與功能？

（一）管理委員會委員資格

委員至少要是「住戶」

「管理委員會：指為執行區分所有權人會議決議事項及公寓大廈管理維護工作，由區分所有權人選任住戶若干人為管理委員所設立之組織。」「住戶：指公寓大廈之區分所有權人、承租人或其他經區分所有權人同意而為專有部分之使用者或業經取得停車空間建築物所有權者。」公寓大廈管理條例第3條第8款及同條第10款定有明文。按前開規定，至少須具備住戶資格。所謂住戶是指公寓大廈之區分所有權人、承租人或其他經區分所有權人同意，而為專有部分之使用者，故承租人也可以成為管理委員會委員，除非區分所有權人會議之決議或規約另有限制外，承租人依法可以參加管理委員會的選任。

（二）委員任期多長？是否有連任限制？

公寓大廈管理條例第29條第3項規定：

「管理委員、主任委員及管理負責人之任期，依區分所有權人會議或規約之規定，任期一至二年，主任委員、管理負責人、負責財務管理及監察業務之管理委員，連選得連任一次，其餘管理委員，連選得連任。但區分所有權人會議或規約未規定者，任期一年，主任委員、管理負責人、負責財務管理及監察業務之管理委員，連選得連任一次，其餘管理委員，連選得連任。」

委員之任期有多長、是否有連任之限制，可區分為「規約或區分所有權人會議有規定」及「規約或區分所有權人會議未規定」兩種情形之不同規定。以下就該規定之內容簡單整理之：

1.規約或區分所有權人會議有規定

管理委員、主任委員及管理負責人：任期可一至二年。

主任委員、管理負責人、負責財務管理及監察業務之管理委員，連選得連任一次，其餘管理委員，連選得連任。

2.規約或區分所有權人會議未規定

管理委員、主任委員及管理負責人：任期通常為一年。

主任委員、管理負責人、負責財務管理及監察業務之管理委員，連選得連任一次，其餘管理委員，連選得連任。

（三）誰對外代表管理委員會？

公寓大廈管理條例第29條第2項前段規定「公寓大廈成立管理委員會者，應由管理委員互推一人為主任委員，主任委員對外代表管理委員會。」按規定，主任委員對外代表管理委員會，那主任委員與全體區分所有權人之關係又如何？一般會認為是委任關係。參臺灣高等法院臺中分院102年度上字第234號民事判決：

「按公寓大廈區分所有權人會議係由全體區分所有權人所組

成，為公寓大廈管理條例第25條第1項所明定。而其管理委員會，乃為人的組織體，區分所有權人會議則為最高意思機關，其管理委員係經區分所有權人會議，依公寓大廈管理條例第29條多數決之規定選任，自屬全體區分所有權人所委任之情形。而公寓大廈成立管理委員會者，應由管理委員互推一人為主任委員，對外代表管理委員會，並執行社區事務，為同條例第29條第2項所明定。是主任委員乃由全體區分所有權人所委任之管理委員中選出其中一人擔任，且代表社區執行主任委員之職務，對外所生之一切權利義務乃歸於全體區分所有權人，自仍屬由全體區分所有權人所委任。」

另外，主任委員行使其代表權，依其職務代表社區執行社區管理維護事務或區分所有權人會議決議事項時，按公寓大廈管理條例第29條第2項規定「主任委員事務執行方法與代理規定，依區分所有權人會議之決議。但規約另有規定者，從其規定。」具體應如何執行，應依區分所有權人會議決議或規約規定行之。

（四）與區分所有權人會議有何區別？

住戶自主管理權的行使，是透過區分所有權人會議，由所有的住戶決議該公寓大廈應遵守事項及應執行之重大事項，而管理委員會則是執行區分所有權人決議的機構。

重點整理

管理委員會有甚麼職權與功能

委員資格	委員至少須具備「住戶」資格
委員任期	規約或區分所有權人會議有規定：**任期可一至二年**
	規約或區分所有權人會議未規定：任期一年
連任限制	主任委員、管理負責人、財務委員、監察委員： **連選得連任一次**
	其餘管理委員：**連選得連任**
管理委員會代表	由「**主任委員**」對外代表管理委員會
與區分所有權人會議之區別	區分所有權人會議：**決議**社區應遵守事項及應執行之重大事項
	管理委員會：**執行**區分所有權人會議決議之機構

四、社區公共基金如何運用？如何管理？

（一）公用基金的來源：

按公寓大廈管理條例第18條第1項各款規定

「公寓大廈應設置公共基金，其來源如下：

1. 起造人就公寓大廈領得使用執照一年內之管理維護事項，應按工程造價一定比例或金額提列。
2. 區分所有權人依區分所有權人會議決議繳納。
3. 本基金之孳息。
4. 其他收入。」

（二）公共基金之管理及支用方法

按公寓大廈管理條例第18條第3項規定「公共基金應設專戶儲存，並由管理負責人或管理委員會負責管理；如經區分所有權人會議決議交付信託者，由管理負責人或管理委員會交付信託。其運用應依區分所有權人會議之決議為之。」由此規定可知，公共基金應設置專戶儲存，並應由管理負責人或管理委員會負管理責任。另外，公共基金之運用應依區分所有權人會議之決議為之，或是經由區分所有權人會議決議在規約中訂定公共基金之相關使用規範，授權管理負責人或管理委員會於社區管理維護上得以支用公共基金。惟實務上，通常會在規約中詳加明訂管理委員會得支用公共基金之用途以及金額上限，以避免管理委員會濫權使用公共基金。

（三）如何進行催繳管理費？

依公寓大廈管理條例第21條規定「區分所有權人或住戶積欠應繳納之公共基金或應分擔或其他應負擔之費用已逾二期或達相當金額，經定相當期間催告仍不給付者，管理負責人或管理委員會得訴請法院命其給付應繳之金額及遲延利息。」若區分所有權人或住戶欠繳管理費已逾2期或達相當金額，應由管理委員會先進行催告，通知住戶積欠的金額，並限期繳納。若經過以上步驟該住戶仍未補繳管理費，管理委員會得訴請法院命其給付應繳之金額及遲延利息。

在實務上，通常會建議社區在規約中依據上開規定建立一套完整的催繳制度，不僅管理委員會在執行管理費催繳程序上有例可循，執行過後亦較不會有爭議。相關的催繳制度，例如先由社區櫃台以「遲繳通知單」通知欠繳管理費已逾2期或達相當金額之住戶，應於一定期間內繳納管理費，再不繳納者將由管理委員會寄發存證信函或律師函，限定住戶應於相當期間內完成繳納。若經相當期間後再不繳納者，管理委員會便直接該管地方法院聲請支付命令，命欠繳之住戶繳納管理費。

本公司林恩瑋執行長受臺中市政府邀請擔任公寓大廈講習講師

重點整理

社區公共基金如何運用及管理

公共基金的來源	1. 起造人就公寓大廈領得使用執照一年內之管理維護事項，應按工程造價一定比例或金額提列。 2. 區分所有權人依區分所有權人會議決議繳納。 3. 本基金之孳息。 4. 其他收入。
公共基金之管理	1. 公共基金應設置專戶儲存。 2. 應由管理負責人或管理委員會負管理責任。
公共基金之支用方法	1. 依區分所有權人會議之決議為之 2. 經區分所有權人會議決議在規約中訂定公共基金之相關使用規範
如何進行催繳管理費	1. 欠繳已逾2期或達相當金額。 2. 管理委員會先催告，通知住戶積欠之金額，並限期繳納。 3. 仍未補繳管理費者，管理委員會得向法院起訴。

五、管理委員會可以決定哪些事？

（一）寵物管理規則可以自行決定嗎？

在社區中應訂立如何的規定來管理住戶飼養寵物，乃屬全體住戶之事務，必須要參考到全體住戶之意見，並非管理委員會得自行決定之事項。因此寵物管理規則之訂立，應由區分所有權人會議授權管理委員會草擬草案，並且由管理委員會將草案在區分所有權人會議中提出供區分所有權人們表示意見、表決，在區分所有權人會議決議通過後始得實施。

（二）監視器可以自行決定設置嗎？

此議題將會在本書第二章第三節中詳細討論。在此就結論部分先做說明。由於監視器裝設的位置通常處於共用部分，依照公寓大廈管理條例第11條第1項規定「共用部分及其相關設施之拆除、重大修繕或改良，應依區分所有權人會議之決議為之。」。此外，監視器也許會有侵犯到住戶隱私權的問題，因此，是否要裝設監視器，應透過區分所有權人會議決議始得為之。

重點整理

管理委員會執行職務常見之疑慮

問題	結論	理由
寵物管理規則可以自行決定嗎？	不行	應如何管理寵物乃屬全體住戶之事務，相關規則應經區分所有權人會議決議通過始得實施。
監視器可以自行決定設置嗎？	不行	監視器裝設之位置通常處於共用部分；且監視器也許會有侵犯到住戶隱私權之問題。故是否裝設監視器應經區分所有權人會議決議同意之。

六、如何藉助物業／保全公司管理社區？

（一）與物業／保全的關係

社區共用部分的管理維護，若是由管理委員會自行負責，多半難以期待能夠有效率地執行維護工作，因為大多數之管理委員在平日都需要出門工作，實在難以有更多餘的時間能夠留在社區執行社區共用部分之管理維護。因此，公寓大廈物業管理公司以及保全公司則可以代替管理委員會進行公寓大廈整體共用部分之維護、管理、修繕以及社區人員進出之管控，確保社區可以維持正常的運作。

（二）甚麼是物業／保全可以幫忙的？

物業公司主要的業務範圍就是協助社區管理委員會執行區分所有權人會議之決議以及執行其他大大小小社區管理維護的工作。例如，社區大門的門禁管理、協助住戶收信件包裹、公設空間使用管理（健身房、閱覽室等）、公設設備維護以及最重要的協助舉辦區分所有權人會議；而保全公司即是針對社區安全維護的業務，舉凡地下停車場車道哨的勤務、社區保全系統安裝架設等。

總體而言，物業及保全所能提供給社區的服務，已算是囊括幾乎所有社區的維護管理工作。若物業及保全公司能盡責地執行業務，則對社區住戶的居住品質而言，是有正向幫助的。

（三）如何運用社區法律顧問？

公寓大廈社區在經營管理層面上，或多或少都會遇到不同面向的法律問題，小至住戶間因修繕問題產生爭執，大至住戶在社區內從事犯罪行為。社區的法律問題實際上並不僅是侷限在公寓大廈相關法規，對於一般對法律規定並未嫻熟的住戶或是委員而言，都不是可以簡單解決的問題。社區法律顧問的功能，在於協助管理委員會解決社區內大大小小的法律問題。除了可以列席管理委員會會議或區分所有權人會議，在會議中提供意見，確保會議程序符合法令，管理委員會亦可以隨時與法律顧問聯繫，隨時諮詢法律問題。並可將社區重要法律文件進行留存，以利社區管理委員會交接，避免爭議及法律風險。

重點整理

如何藉助物業／保全公司管理社區

與物業／保全的關係	整體共用部分之維護、管理、修繕以及社區人員進出之管控。
甚麼是物業／保全可以幫忙的	1. 協助社區管理委員會執行區分所有權人會議之決議 2. 執行其他大大小小社區管理維護的工作。 物業管理公司： (1) 社區大門門禁管理； (2) 協助住戶收信件包裹； (3) 公設空間使用管理；

	(4) 公設設備維護； (5) 協助舉辦區分所有權會議。 保全公司： (1) 社區安全維護； (2) 地下停車場車道哨； (3) 社區保全系統安裝架設。
如何運用 社區法律顧問	1. 協助管理委員會處理社區法律問題，管理委員會得隨時跟法律顧問聯繫，解決問題。 2. 列席管理委員會會議、區分所有權人會議。 3. 協助社區保留重要法律文件。 4. 協助管理委員會交接工作。

本公司受邀為物業管理公司進行員工法律能力訓練

第二篇｜社區外部法務管理

第一章、
社區進出人員要如何管控？

一、是否可以要求訪客留下聯絡資料？

相信大家應該都有過這樣的經驗，去到親友家拜訪的時候，經過一樓管理櫃檯時，管理人員要求留下個人基本資訊如姓名、電話甚至是身分證字號等，並稱是為了要維護社區安全。但您是否有想過，被管理員要求留下個人基本資料，這樣的要求是否合理？是否有違反個人資料保護法的疑慮呢？

先說結論，根據法務部106年5月10日法律字第10603505040號書函所示「如已要求訪客**出示**個人證件並向住戶**確認**訪客身分無誤後，便已足，並無再要求訪客留下個人姓名、電話、身分證字號等基本資訊之必要。」。

換句話說，法務部的意思是，只要管理員可以確認身分就好了，個人基本資料沒有留下來的必要。

不過，沒有必要，不代表不能要求留下資料，這就是函釋奧妙的地方。

因此，我們可以這樣認為：在不違背法令的前提下，為了達到安全的管控，社區是可以在規約中建立訪客來訪的管理制度。

例如社區可以規定，住戶如有訪客來訪，應先向社區櫃台告知，並登記訪客姓名、與住戶之關係、來訪的人數，並在訪客抵達時，由保全或大廳櫃檯的服務人員確認來訪的人別，無誤後方可開放進入社區。

那如果訪客拒絕呢？能不能強制對方留下個人資料？當然不行，個人資料的取得還是要經由個人同意才能進行，那這時候怎麼辦？那就是採取拒絕讓對方進入社區的方式，或是通知住戶確認訪客身分的方式處理。

法務部函釋原文：

> 社區保全人員為執行「場所進出安全管理」之特定目的（代號116），要求訪客出示身分證件、拍照並提供姓名、身分證字號、電話等個人資料供社區建檔，不論其係依「社區規約」（公寓大廈管理條例第3條第12款）或「管理委員會指示」，均非個資法第19條第1項第1款之「法律明文規定」，自不得作為蒐集、處理社區訪客個人資料之依據。又個資法第19條第1項第6款規定所稱「增進公共利益」，係指為社會不特定多數人可以分享之利益而言。社區保全人員上開門禁管製作法，係為維護特定社區安全，尚難認屬為「增進公共利益」。又縱經社區訪客同意而蒐集、處理訪客個人資料，仍應符合個資法第5條規定之比例原則，故要求社區訪客出示證件換取社區門禁管制卡，應即能達到社區進出之安全管理，如另要求拍照並提供姓名、身分證字號、電話等個人資料以供社區建檔，似已逾

越特定目的之必要範圍（尤其於訪客身分已獲社區住戶確認無誤後，是否尚有必要對之拍照並建檔留存個人資料？不無疑義）。

二、得否限制不受歡迎住戶進出社區？

公寓大廈是屬於集合式住宅，可能有將近數十戶甚至上百戶的住戶一起居住在同一棟大樓中。住戶一多，社區人口的組成可能就會愈加複雜，此時便難免會有不願意遵守社區規約甚至法律的住戶出現。舉凡喜歡隨地扔菸蒂、在公共場合抽菸、在社區中製造噪音或是不繳納管理費等不受歡迎的住戶。此時，社區可否透過規約或區分所有權人會議決議之方式，限制上述不受歡迎的住戶進出社區？以下進行說明：

（一）大門、走廊、樓梯、電梯屬不得約定為專有部分之共用部分

公寓大廈管理條例第7條第2款、第5款規定：

「公寓大廈共用部分不得獨立使用供做專有部分。其為下列各款者，並不得為約定專用部分：

二、連通數個專有部分之走廊或樓梯，及其通往室外之通路或門廳；社區內各巷道、防火巷弄。

五、其他有固定使用方法，並屬區分所有權人生活利用上不

可或缺之共用部分。」

社區的大門、走廊、樓梯、電梯，依其性質，均屬於上開規定第2款所示之「連通數個專有部分之走廊或樓梯，及其通往室外之通路或門廳」。另外，大門、走廊、樓梯、電梯也是住戶每天出門、回家，必定會經過的區域，屬於有固定使用之方法，並且是住戶日常生活利用上不可或缺的共用部分，因此也是屬於第5款所指之「有固定使用方法，並屬區分所有權人生活利用上不可或缺之共用部分。」

綜上所述，公寓大廈管理條例第7條是為強制規定，**社區的大門、走廊、樓梯、電梯，均屬於前開規定不得為約定專用之共用部分**。因此，**社區不得透過規約或區分所有權人會議將上述之公共區域約定為約定專用部分**。

（二）不得以規約或區分所有權人會議決議限制住戶使用共用部分之權利

承前段之說明，由於社區之大門、走廊、樓梯、電梯屬於住戶日常生活利用所不可或缺之共用部分，不論是出門或回家，必定都會經過這些共用部分。因此立法者是有意特別將上述區域規定為禁止約定為約定專用之共用部分，保障每一位居住在社區的住戶都可以自由地進出社區、平等使用必要共用部分之權利，以免社區恣意以規約或區分所有權人會議決議之方式排除他人或特定人使用上開共用部分。

另依公寓大廈管理條例第4條第1項規定「區分所有權人除法

律另有限制外，對其專有部分，得自由使用、收益、處分，並排除他人干涉。」區分所有權人其專有部分得自由使用、收益、處分，並排除他人干涉。社區大門、走廊、樓梯、電梯乃是住戶進入其住家（專有部分）前必須經過之通道，非經過這些區域是無法進入其住家的。因此，他人不得以限制其使用連通至其專有部分之共用部分來干涉區分所有權人使用其專有部分。

（三）建議管理委員會之處理方式

就大部分情況而言，住戶在社區內不受歡迎之行為，通常都有相關法律規定（如公寓大廈管理條例、噪音管制法、廢棄物清理法等）來規範。住戶及管理委員會均可以依照法律之規定，針對違法住戶之行為進行制止，或是通報相關主管機關對該住戶進行裁罰。更甚者，有侵害社區權利或欠繳管理費之情形，管理委員會更可以透過司法機關，向行為之住戶請求損害賠償、繳納管理費及請求法院以公權力強制禁止被告住戶之特定行為。

如果社區認為法律規範之力度或範圍較為不足，當然可以以規約或區分所有權人會議決議之方式制定針對違規住戶之相關處罰規定。但在制定規約規定上必需要特別注意的是，**約定不可以違反法律強制或禁止之規定以及不可以違背公共秩序或善良風俗，違反者，該約定無效**，民法第71條、第72條均有明文。所以，如果在規約或是區分所有權人會議決議中規定類似強制要求住戶公開道歉的規定，或是將住戶車輛上鎖使其無法使用，或是將車輛輪胎洩氣等措施，都是法律所不准許的，必須注意。

（四）結論

提醒所有社區的住戶及管理委員會：在管理措施上，不可以規約或區分所有權人會議決議之方式，限制特定住戶進出社區，這種作法行不通，且該規約約定或決議內容將因違反民法第71條規定而無效。另外，負責執行限制住戶進出社區之管理委員亦有可能會因為妨害住戶行使權利（使用共用部分及專有部分之權利）而構成刑法第304條第1項強制罪，所以請特別注意。

法條補充

■個人資料保護法第19條第1項

非公務機關對個人資料之蒐集或處理，除第六條第一項所規定資料外，應有特定目的，並符合下列情形之一者：

一、法律明文規定。

二、與當事人有契約或類似契約之關係，且已採取適當之安全措施。

三、當事人自行公開或其他已合法公開之個人資料。

四、學術研究機構基於公共利益為統計或學術研究而有必要，且資料經過提供者處理後或經蒐集者依其揭露方式無從識別特定之當事人。

五、經當事人同意。

六、為增進公共利益所必要。

七、個人資料取自於一般可得之來源。但當事人對該資料之禁止處理或利用，顯有更值得保護之重大利益者，不在此限。

八、對當事人權益無侵害。

■個人資料保護法第5條

個人資料之蒐集、處理或利用，應尊重當事人之權益，依誠實及信用方法為之，不得逾越特定目的之必要範圍，並應與蒐集之目的具有正當合理之關聯。

■民法第71條

法律行為，違反強制或禁止之規定者，無效。但其規定並不以之為無效者，不在此限。

■民法第72條

法律行為，有背於公共秩序或善良風俗者，無效。

■刑法第304條第1項

以強暴、脅迫使人行無義務之事或妨害人行使權利者，處三年以下有期徒刑、拘役或九千元以下罰金。

第二章、
社區與外部廠商之契約要如何管理？

一、外部契約要注意哪些重點？

（一）常見的社區合作廠商

公寓大廈社區這類的集合式住宅，相較於獨棟或透天式住宅，公共建設比例較高，住戶們需要花費更多的心力來管理維護。而為了提升社區住戶的居住品質，提高公設維護管理的效率，社區管理委員會通常會與外部廠商合作，聘請外部廠商協助管理社區。那麼，哪一些廠商是常見的社區合作廠商呢？整理歸納後，大約有以下幾類：

1. 公寓大廈管理維護公司
2. 保全公司
3. 機電管理維護公司
4. 清潔維護公司
5. 水電修繕廠商
6. 其他相關工程修繕廠商

（二）外部廠商的信譽

社區所聘僱來服務社區的廠商，其工作內容與住戶的日常生活息息相關，舉凡上至社區公共安全的管理，下至協助住戶信件的收受，甚至是協助舉辦一年一度區分所有權人會議。也因此，尋找一個信譽優良，無過多不良紀錄的廠商便是管理委員會的重要職責。同時，選擇與信譽良好、工作認真的廠商合作，在日後對管理委員會而言，也可以最大可能的避免與廠商所產生的任何法律糾紛。

（三）社區與外部廠商之間的契約條文敘述須清楚明確

在與外部廠商簽訂各種契約時，負責簽約的主委或是管理負責人一定要仔細的看過契約的每個條款。審核契約時最重要的便是**「契約條款必須清楚明確」**且**「儘量避免冗言贅字」**，在解讀契約意思上可以明確地了解文字的意思，且不會有第二種或第三種解讀的方式，尤其是在工作內容以及違約條款的部分，必需要特別注意，這兩大部分的條文，往往都是爭議的所在。

（四）不得隨意增加社區之責任

在審閱契約條款的時候，社區應特別留意廠商所提出之契約條款是否對於社區有過苛的責任要求。例如在條款中表示「社區應維護廠商進駐社區工作人員之工作安全，如工作人員因執行業務受有損害，社區應對工作人員負損害賠償責任。」實際上，根據民法僱傭契約相關的規定（民法第483條之1），僱用人（廠商）應對受僱人（員工）之工作安全負責。因此廠商不得將此責任透過契約之方式轉嫁給社區。

由於廠商可能會在契約條款中安插增加或可能增加社區責任的條款，因此管理委員在簽約的時候務必要多留意契約當中是否有類似上開範例這樣的條款存在。以避免社區須負不必要之責任。

（五）留意「長青條款」

在許多制式化合約上，關於「契約期間」這部分很常會看到一段條款「契約期滿前一個月應由雙方協議是否續約，倘未進行協商，則契約自動延續一年」。

這樣的條款看起來好像沒有問題，契約直接延續就不用再多花時間雙方來商討要不要續約。但看似方便的條款，對於社區來說卻是一個潛在性的風險。為甚麼會這麼說呢？因為社區的管理委員會成員及主委是時常在更迭的，可能今年負責和廠商簽約的管理委員會，到了明年就改朝換代了，那隔年的管理委員會如果有意要更換合作廠商，但卻沒有注意到本條款，或是更換管理委員時，契約期間已屆至，已經來不及在1個月前與廠商討論是否續約，但契約就這樣自動延續下去了。這樣常常會造成許多不合理的現象，且如果契約有疏失時，讓新的管理委員會去承受舊的管理委員會的錯誤，也不公平。

因此，若要預防這樣的情況發生，我們建議管理委員會在與廠商簽訂契約時即應向廠商表示要刪去此條款，使管理委員會決定是否續約的意志不受本條款所拘束。

重點整理

外部契約要注意哪些重點

常見的社區合作廠商	應注意之重點
1. 公寓大廈管理維護公司 2. 保全公司 3. 機電管理維護公司 4. 清潔維護公司 5. 水電修繕廠商 6. 其他相關工程修繕廠商	1. 外部廠商的信譽 2. 社區與外部廠商之間的契約條文敘述須清楚明確 3. 不得隨意增加社區之責任 4. 留意「長青條款」

本公司專員至公寓大廈主管機關駐點提供法律諮詢

二、社區與外部廠商之契約要如何管理？

（一）工作內容雙方均應明確了解

社區與廠商所簽訂的合作契約，其大部分在民法上會被歸類為所謂的「承攬契約」，即社區和廠商約定由廠商來為社區完成一定的工作。也因此，這所謂的「工作」，其範圍為何？廠商應該做哪些工作？應該完成到甚麼樣的程度？工作硬體、軟體設備應由誰提供？廠商是否自己派遣工作人員？等等的這些問題都是應該要在契約當中清楚明訂的。因此社區在與廠商協商工作內容時，雙方必需要針對廠商的工作範圍及內容有明確的認識，且清楚地將協商後的結果明定在契約之中，以避免日後因工作內容而產生糾紛，或無從根據。

（二）違約條款責任歸屬應明確

像這類的工作合作契約，除了最重要明訂雙方應履行那些義務之規定，另外應特別注意的條款便是所謂的「違約條款」。所謂的違約條款係指，當契約之一方違背了契約明定的履行義務，不論是「應作為而不作為（該做的不做）」或是「應不作為而作為（不該做的卻做了）」，都可以算是「違約」。

通常違約條款的內容會約定，違約之一方應對他方負「損害賠償責任」，或是應給付「違約金」給他方，作為損害賠償。這兩個類型不大一樣，通常規定負「損害賠償責任」時，管理委員會還必需要去舉證損害的存在事實，但通常這種舉證不大容易；至於「違約金」，管理委員會只需要證明外部廠商確實發生了違約的事實就可以了，不用舉證損害的存在，所以相對於「損害賠償責任」的約定，要有利管理委員會多一些。

不過，實務上常見到在由廠商所提供的契約當中，並未在違約條款中詳實說明廠商若違反契約義務，應負如何之責任，應否對社區負損害賠償責任，或是社區得請求減少其報酬等。這樣的疏漏，往往使得原來有關契約的工作條款約定形成具文，只能透過基本的民法規定保障管理委員會的權益。

因此，代表社區與廠商簽約之主任委員，在簽訂合約之前必須特別留意違約條款之記載是否明確。倘有廠商避重就輕，或是刻意不規範自己違約時應負之責任，主任委員應立即向廠商反應，並要求修改契約內容，將違約條款之規範規定得更加詳細。

（三）契約自由

社區在與廠商簽訂時，通常會是由廠商先提供制式化的契約給社區的管理委員會或管理負責人看。此時，負責簽約的委員應特別注意的是，契約內容在雙方都簽訂之前都是可以改的，不會因為契約看似是廠商制式化的內容就不能夠更動。因為契約的成立是基於簽訂雙方都同意契約內容的前提下，所以社區亦可以針對契約內容表示意見。因此在審核契約時，應注意上述所提到的所有注意事項，倘若契約內容有問題，或對社區有潛在的風險，均可以向廠商提出，要求修正契約內容。

（四）契約內容建議應委請「法律顧問」審核

審核契約雖然看似簡單，但實際上應該要注意到的細節不是用三言兩語就說得完的，更何況一間社區可能要與各種不同工作領域的廠商簽訂合作契約，各種不同的契約應該要注意的細節有時候又是大相逕庭的。因此，若社區能夠與專職公寓大廈法務管理的法律顧問合作的話，便可以將審核契約的工作委由法律顧問執行，以確保社區的法律權利不會受到侵害，同時又可以將法律風險的防火線布置得更加完善，使社區在經營管理上可以更加的無後顧之憂。

公廈法律顧問可以提供完善的法律風險控管協助

重點整理

與外部廠商間的契約要如何協商

工作內容雙方均應明確了解	工作範圍為何？廠商應做哪些工作？應完成到如何之程度？工作硬體、軟體設備應由誰提供？廠商是否自己派遣工作人員？ 諸如上述之問題，均應在契約中明訂。
違約條款責任歸屬應明確	違約條款係指，當契約之一方違背了契約明定的履行義務，不論是「應作為而不作為」或是「應不作為而作為」，均屬違約，則須對他方負違約責任。
	通常違約條款的內容會約定，違約之一方應對他方負「損害賠償責任」，或是應給付「違約金」給他方。
契約自由	契約內容在雙方都簽訂之前都是可以改的，不會因為契約看似是廠商制式化的內容就不能更動。
契約內容建議應委請「法律顧問」審核	契約內容可能存在一定風險，為確保社區權利不受侵害，建議社區委請「專業法律顧問」，為社區之權利保護建立防火牆。

三、解約要注意哪些問題？

（一）應注意解除契約條件

一般而言，除非是因契約期滿，否則在期滿之前，如契約任何一方要求解除契約，必須是要符合該契約所訂之解除契約條件，或是因契約之一方未履行義務而依民法之規定得請求解除契約時，始得向他方要求解除契約，以確保契約履行之安定性，以及維護社區之重要權利。以下列舉幾種在社區對外契約中常見之契約解除條件的條文類型，供讀者參考：

1.「因契約之一方違反契約之約定或未履行契約之義務者，他方得請求解除契約」；
2.「因契約之一方侵害他方之權利，致使他方受有損害時，他方得請求解除契約」；
3.「因不可抗力因素致使契約無法進行時，契約之一方得請求解除契約」；
4.「請求解除契約之一方，應提前○日通知他方」等。

民法上常見之契約法定解除規定舉例如下：

1. 民法第254條「契約當事人之一方遲延給付者，他方當事人得定相當期限催告其履行，如於期限內不履行時，得解除其契約。」；
2. 民法第255條「依契約之性質或當事人之意思表示，非於一定時期為給付不能達其契約之目的，而契約當事人之一方不按照時期給付者，他方當事人得不為前條之催告，解除其契約。」；
3. 民法第256條「債權人於有第二百二十六條之情形時，得解除其契約。」；
4. 民法第359條本文「買賣因物有瑕疵，而出賣人依前五條之規定，應負擔保之責者，買受人得解除其契約或請求減少其價金。」；
5. 民法第494條本文「承攬人不於前條第一項所定期限內修補瑕疵，或依前條第三項之規定拒絕修補或其瑕疵不能修補者，定作人得解除契約或請求減少報酬。」；

6. 民法第495條第2項「前項情形，所承攬之工作為建築物或其他土地上之工作物，而其瑕疵重大致不能達使用之目的者，定作人得解除契約。」。

除此之外，民法上還有諸多關於得請求契約解除之規定，惟本書篇幅有限，僅列舉社區法律問題常見相關之民法規定。

因此，社區在與廠商簽訂契約時，應特別留意契約內所訂解除契約之條件，大致應相似於上述所舉常見之契約解除條件模型，並應注意下列事項：

1. 不得加諸民法上所無之契約解除限制；
2. 儘量避免給予廠商無條件解除契約之機會；
3. 應明訂何謂不可抗力因素；
4. 避免過於寬鬆之解除契約條件，使廠商得輕易地解除契約。

若解除契約之條件明顯過於有利於廠商或不利於社區，則管理委員會應立即向廠商反映，要求修正約定內容，並刪除不平等之約定。

（二）違約金合理性問題

在契約中，時常可見「若契約之一方違反契約約定，他方得解除契約並請求違約金」等類似之約定。然而社區在審核有關於「違約金」之妥適性上應注意哪些重點呢？違約金又是甚麼？在法律上其種類又是如何區分的？以下為您說明。

1.違約金之種類

依我國民法第250條之規定，違約金依其性質可分為「賠償額預定性違約金」以及「懲罰性違約金」。依民法第250條第2項之規定，在當事人未特別約定之情形下，違約金之性質原則上屬「賠償額預定性違約金」，即由當事人於債務不履行之損害發生前，預先約定以違約金作為債務不履行時之賠償總額。而所謂「懲罰性違約金」，其目的乃是以約定懲罰效果之手段，監督契約當事人履行其契約義務，用以確保債權之效力。

其二者在法律效果上之差異，可參照最高法院86年度台上字第2165號民事判決之意旨：「按違約金，有屬於懲罰之性質者，有屬於損害賠償約定之性質者，如為懲罰之性質，於債務人履行遲延時，債權人除請求違約金外，固得依民法第233條規定請求給付遲延之利息及賠償其他損害；如為損害賠償約定之性質，則應視為就因遲延所生之損害，業已依契約預定其賠償，不得更請求遲延利息賠償損害。」。簡單的說，如果違約金是「賠償額預定性違約金」，不管違約一方實際上造成多少損害，統一都依照雙方原先約定的違約金條款支付；如果違約金是「懲罰性違約金」，那麼除了可以請求雙方原先約定的違約金，還可以請求違約一方賠償因違約實際上造成損害。

2.留意「懲罰性違約金」

社區在與外部廠商簽訂契約時，如在廠商所提出之契約中，有包含違約金之約定，應特別留意其性質。因為違約金為懲罰之性質者，債權人除得向債務人請求違約金外，仍得請求給付遲延之利息及其他損害賠償。所以「懲罰性違約金」的約定，對社區而言是很不利的，管理委員會不可不防範。由於懲罰性違約金必須由當事人「在契約中特別約定」之，因此社區在審核契約內容時，也應注意該等違約金約定是否可能屬於懲罰性違約金。

一般而言，違約金之性質應由法院來做認定，而常見的約定方式，是直接在契約中以「懲罰性違約金」明文作為表示。不過，有時法院認定具有懲罰性質之違約金並不一定帶有明顯之「懲罰性」字樣，如參照最高法院109年度台上字第1013號民事判決之意旨「而當事人於契約中將違約金與其他之損害賠償（廣義，凡具有損害賠償之性質者均屬之）併列者，原則上應認該違約金之性質為懲罰性違約金。」。因此在判斷違約金之性質上，仍建議社區尋求專業公寓大廈法律顧問之建議及協助，以避免社區承擔不必要之責任及風險。

3.違約金約定之「數額」

另外，除應注意違約金之性質，亦應審核約定之違約金金額。如在契約中並未明文約定違約金之性質屬「懲罰性」，則原則上屬於「賠償額預定性違約金」。由於其目的是預先約定因債務不履行所生之賠償總額，其數額之約定，應以填補債權人因債務不履行所生之損害為限，不得超出合理範圍。然而違約金約定之數額是否有「超出合理範圍」之疑慮，本書仍建議社區尋求專業社區法律顧問之建議，以獲得最完善之保護。

重點整理

解約要注意哪些問題

<table>
<tr><td rowspan="2">應注意解除契約條件</td><td rowspan="2">在契約期滿前，除符合特定事項外，契約不得任意解除。得請求解除契約之事項如右：</td><td>符合契約所訂之解除契約條件</td></tr>
<tr><td>契約之一方未履行義務而依民法之規定得請求解除契約時</td></tr>
<tr><td rowspan="5">違約金合理性問題</td><td rowspan="2">違約金之種類</td><td>賠償額預定性違約金</td></tr>
<tr><td>懲罰性違約金</td></tr>
<tr><td rowspan="2">留意懲罰性違約金</td><td>「懲罰性違約金」之約定對社區較為不利</td></tr>
<tr><td>如何認定是否為「懲罰性違約金」：「而當事人於契約中將違約金與其他之損害賠償（廣義，凡具有損害賠償之性質者均屬之）併列者，原則上應認該違約金之性質為懲罰性違約金。」</td></tr>
<tr><td>違約金約定之數額</td><td>違約金之數額是否有「超出合理範圍」之疑慮，建議委請法律顧問評估</td></tr>
</table>

第三章、
如何保護個人資料？

一、個人資料保護要注意哪些問題？

（一）公寓大廈可否公布管理費欠繳名單？

相信許多居住在公寓大廈社區的讀者都曾有在社區電梯或是布告欄上看到管理委員會或管理負責人貼出來的管理費欠繳名單告示。那管理委員會這樣的作為是合法的嗎？此舉有無違反個人資料保護法（下稱「個資法」）的疑慮呢？

針對此問題，依據公寓大廈管理條例第3條第12款、第21條及第22條第1項第1款等規定，有關公寓大廈住戶欠繳管理費用之處置，應依該條例第21條及第22條有關訴請法院命其給付及訴請法院強制遷離等規定辦理。又公寓大廈管理條例第23條第2項第4款明文規定，**住戶違反義務之處理方式，非經載明於規約者不生效力**。因此，公寓大廈管理委員會應參照前述公寓大廈管理條例及個資法之相關規定（如個資法第5條、第19條、第20條），蒐集、處理或利用區分所有權人或住戶之個人資料。**如規約載明住戶欠繳管理費用即公布該住戶之姓名者，則得公告之。**

因此，倘若社區規約有規定，社區住戶欠繳管理費，管理委員會即得公布該住戶之姓名者，在符合個資法第5條、第19條、第20條之前提下，即可公布該住戶之姓名。

（二）管理委員會可否公布監視器影像？

相信大部分的社區在公共區域都裝設有監視器，以維社區安全。假設社區住戶遭竊盜所苦，報警後也遲遲無法抓到小偷，社區的管理委員會是否可以將監視器的影像公佈公佈欄，讓全社區的住戶協助指認？

依據法務部102年3月27日法律字第10203502790號書函所示：

1. 自然人為個人或家庭活動目的，錄存監視錄影畫面：

　　自然人單純為個人或家庭活動目的而蒐集、處理或利用個人資料行為（例如：為保障其自身或居家權益，而公布大樓或宿舍監視錄影器中涉及個人資料畫面之行為），依個資法第51條第1項第1款規定，並不適用本法。

2. 公務機關或非公務機關錄存監視錄影畫面：

　　公務機關或非公務機關蒐集大樓或宿舍監視錄影器中涉及個人資料之畫面，非屬前述為個人或家庭活動目的情形時，應有**特定目的**（例如：場所進出安全管理），並符合個資法第15條、第19條所定要件（例如：**執行法定職務必要範圍內、法律明文規定、與公共利益有關**）。另其如將上開個人資料予以公布，則**應於蒐集之特定目的範圍內為之**。否則應符合個資法第16條但書、第20條但書所列各款情形之一（例如：法律明文規定、增進公共利益、當事人書面同意、為防止他人權益之重大危害，或為免除當事人之生命、身體、自由或財產上之危險），始得為特定外之利用。

因此，我們認為，在符合社區場所進出安全管理目的，維護社區公眾安全的利益前提下，公布監視錄影畫面，應該是合法的。

（三）公寓大廈管理條例第35條規定有無違反個資法之虞？

公寓大廈管理條例第35條規定「利害關係人於必要時，得請求閱覽或影印規約、公共基金餘額、會計憑證、會計帳簿、財務報表、欠繳公共基金與應分攤或其他應負擔費用情形、管理委員會會議紀錄及前條會議紀錄，管理負責人或管理委員會不得拒絕。」

過去在協助解決公廈民眾法律問題時，便曾有住戶問到，公寓大廈管理條例第35條規定，有沒有與個資法的規定相牴觸呢？針對此問題，法務部及內政部營建署均曾作出解釋函令說明：

「……準此，公寓大廈管理條例中有關個人資料利用之規定，應優先於個資法而適用。惟區分所有權人會議紀錄蒐集及註記相關個人資料（如身分證字號、住址及住家或行動電話號碼等）是否均屬必要？又如確有蒐集註記之必要，管理委員會或管理負責人提供會議紀錄供查閱時，似無一併提供該等個人資料予利害關係人查詢使用之必要，惟此仍宜由公寓大廈管理條例之主管機關內政部依權責慎卓。」

「……至關管理負責人或管理委員會提供公寓大廈管理委員會會議紀錄及區分所有權人會議出席簽到名冊供利害關係人閱覽或影印時，是否有提供該等個人資料供查詢使用之必要，仍應就查詢使用之目的，參照個人資料保護法第19條、第20條非公務機關對個人資料之蒐集、處理及利用之規定，另須注意該法第5條之規定，個人資料之蒐集處理或利用，應尊重當事人之權益，依誠實及信用方法為之，不得逾越特定目的之必要範圍，並應與蒐集之目的具有正當合理之關聯。」

透過上述兩個解釋函令我們可知，公寓大廈管理條例第35條之規定並無牴觸個人資料保護法之處，惟是否有必要提供個人資料供利害關係人閱覽或影印，還是必須就查詢使用之目的來審酌是否有提供個人資料供查詢之必要，尊重當事人之權益，不得逾越查詢目的之必要範圍，及應與蒐集之目的具有正當合理之關聯。

重點整理

個人資料保護要注意那些問題

公寓大廈可否公布管理費欠繳名單？	如社區規約載明欠繳管理費即公布姓名者，在符合個資法第5條、第19條、第20條之前提下，即可公布。
管委會可否公布監視器影像？	1. 自然人為個人或家庭活動目的，**可錄存監視錄影畫面**。 2. 公務機關或非公務機關蒐集大樓或宿舍監視錄影器中涉及個人資料之畫面：**原則不可**，惟如符合社區場所進出安全管理目的，維護安全利益，則可合法公布。
公寓大廈管理條例第35條規定有無違反個資法之虞？	在不逾越查詢目的之必要範圍，且與蒐集之目的有正當合理之關聯的情形下，並無違反個資法。

二、監視器要如何設置？

大部分的公寓大廈社區都會在公共區域裝設監視器，以防宵小或是做為社區安全管理用途。但如果是住戶本身為了加強自家住宅的安全，打算要在自宅門口或是門前公共走廊上裝設監視器，應注意哪些注意事項呢？以下說明之：

（一）裝設監視器應該要踐行哪些程序？

由於住戶自行裝設的監視器的目的是為了預防宵小，安裝位置大多是在自宅門前或自家門前公共走廊，上述這些地方均位在社區的共用部分。依據公寓大廈管理條例第11條第1項規定「**共用**

部分及其相關設施之拆除、重大修繕或改良，**應依區分所有權人會議之決議為之**。」因此，假設住戶要在共用部分裝設監視器，即便該位置是在住戶的家門前，但只要出了家門，就是屬於共用部分，就必需要經過區分所有權人會議的決議通過後，始得裝設監視器。

需特別注意的是，有很多住戶會表示自己是有經過管理委員會或主委的同意才裝設的，應該就有符合程序規範了吧。但根據上開法條及說明，**在共用部分裝設監視器需經過全體區分所有權人一定比例的同意，管理委員會或主委並無法代表全體區分所有權人的意志。**

（二）應如何裝設才不致侵害他人隱私權？

假設經過區分所有權人會議決議後，同意住戶在自宅門前裝設監視器，那監視器應如何架設，意即拍攝的角度應如何安裝，才不致被其他住戶質疑有侵害隱私權之虞？

有實務見解認為，雖然住戶門外的公用走廊是屬於共用部分，但會使用該走廊的住戶大多僅侷限在該樓層的其他住戶，走廊的使用亦與生活息息相關，透過拍到其他住戶在使用走廊的影像，很容易地便可描繪出住戶的生活樣態、習慣、認識的人等等，對於個人隱私權而言有一定程度的掌握。法院認為住戶裝設的監視器若可以拍攝到其他住戶的日常生活情形，就有侵犯到其他住戶隱私權之虞。但也有實務見解是採取較寬鬆的標準，認為監視器畫面只要不要拍攝到其他住戶自宅門內的情況，就不算是有侵害到其他住戶的隱私權。

然而本書建議，應儘量將拍攝畫面侷限在自家門前，莫將視角對準到公用走廊甚或是拍攝到其他住戶家門內的情形。儘管裝設監視器的目的是為了自家的安全，但其他住戶無法得知裝設監視器之住戶有無將監視器所錄到的影像作為他途使用。因此為了避免住戶之間糾紛、拆裝監視器的工作成本以及日後的訟累，在裝設監視器上應特別注意此點。

重點整理

監視器要如何設置

應踐行之程序	在社區共用部分設置，須經區權會決議通過，使得為之，不得僅徵得管委會或主管同意即逕為之。
如何裝設才不致侵害他人隱私？	建議儘量將拍攝畫面侷限在自家門口，莫將視角對準公用走廊或其他住戶家門內，以避免住戶間之糾紛。

法條補充

■個人資料保護法第5條

個人資料之蒐集、處理或利用，應尊重當事人之權益，依誠實及信用方法為之，不得逾越特定目的之必要範圍，並應與蒐集之目的具有正當合理之關聯。

■個人資料保護法第15條

公務機關對個人資料之蒐集或處理，除第六條第一項所規定資料外，應有特定目的，並符合下列情形之一者：

一、執行法定職務必要範圍內。

二、經當事人同意。

三、對當事人權益無侵害。

■個人資料保護法第16條

公務機關對個人資料之利用，除第六條第一項所規定資料外，應於執行法定職務必要範圍內為之，並與蒐集之特定目的相符。但有下列情形之一者，得為特定目的外之利用：

一、法律明文規定。

二、為維護國家安全或增進公共利益所必要。

三、為免除當事人之生命、身體、自由或財產上之危險。

四、為防止他人權益之重大危害。

五、公務機關或學術研究機構基於公共利益為統計或學術研究而有必要，且資料經過提供者處理後或經蒐集者依其揭露方式無從識別特定之當事人。

六、有利於當事人權益。

七、經當事人同意。

■個人資料保護法第19條

非公務機關對個人資料之蒐集或處理，除第六條第一項所規定資料外，應有特定目的，並符合下列情形之一者：

一、法律明文規定。

二、與當事人有契約或類似契約之關係，且已採取適當之安全措施。

三、當事人自行公開或其他已合法公開之個人資料。

四、學術研究機構基於公共利益為統計或學術研究而有必要，且資料經過提供者處理後或經蒐集者依其揭露方式無從識別特定之當事人。

五、經當事人同意。

六、為增進公共利益所必要。

七、個人資料取自於一般可得之來源。但當事人對該資料之禁止處理或利用，顯有更值得保護之重大利益者，不在此限。

八、對當事人權益無侵害。

蒐集或處理者知悉或經當事人通知依前項第七款但書規定禁止對該資料之處理或利用時，應主動或依當事人之請求，刪除、停止處理或利用該個人資料。

■個人資料保護法第20條

非公務機關對個人資料之利用，除第六條第一項所規定資料外，應於蒐集之特定目的必要範圍內為之。但有下列情形之一者，得為特定目的外之利用：

一、法律明文規定。

二、為增進公共利益所必要。

三、為免除當事人之生命、身體、自由或財產上之危險。

四、為防止他人權益之重大危害。

五、公務機關或學術研究機構基於公共利益為統計或學術研究而有必要，且資料經過提供者處理後或經蒐集者依其揭露方式無從識別特定之當事人。

六、經當事人同意。

七、有利於當事人權益。

非公務機關依前項規定利用個人資料行銷者，當事人表示拒絕接受行銷時，應即停止利用其個人資料行銷。

非公務機關於首次行銷時，應提供當事人表示拒絕接受行銷之方式，並支付所需費用。

■個人資料保護法第51條

有下列情形之一者，不適用本法規定：

一、自然人為單純個人或家庭活動之目的，而蒐集、處理或利用個人資料。

二、於公開場所或公開活動中所蒐集、處理或利用之未與其他個人資料結合之影音資料。

公務機關及非公務機關，在中華民國領域外對中華民國人民個人資料蒐集、處理或利用者，亦適用本法。

第四章、
管理委員會如何代表社區

管理委員會在民事、刑事訴訟程序中的當事人能力

一、民事、行政訴訟中的當事人能力

倘若社區的利益被侵害了怎麼辦？應該要由誰去向法院提告呢？相信許多居住在公寓大廈的住戶可能都曾經思考過或是實際遭遇過這樣的問題。思考歸思考，實際上在法律上又是怎麼規定的呢？

按公寓大廈管理條例第38條第1項規定「管理委員會有當事人能力」。依本條之立法理由「管理委員會依民事訴訟法第40條可以為訴訟之當事人」，指公寓大廈的管理委員會具有民事訴訟法第40條所謂的當事人能力，得擔任訴訟中原告或被告。（民事訴訟法第40條第3項規定「非法人之團體，設有代表人或管理人者，有當事人能力。」公寓大廈管理委員會並不具有法人之法人格，因此被歸類為非法人團體。）

由上開法條可知，如社區大門遭人故意毀損時，管理委員

會得代表社區向法院起訴，向故意毀損社區大門之人請求損害賠償；同時，如社區的外牆磁磚因年久失修進而剝落，向下掉落砸傷行經路人，若磁磚的剝落是因為管理委員會長年未注意外牆磁磚的妥善，應執行修繕的部分未進行修繕，受傷的路人得向管理委員會請求損害賠償。

另外，實務見解亦認為，在行政訴訟中，公寓大廈管理委員會具有當事人能力，得在行政訴訟中擔任原告或被告。

二、刑事訴訟中的當事人能力

實務見解認為，針對刑事訴訟方面，公寓大廈管理委員會並無「告訴」以及「自訴」之能力，若以管理委員會之名義所提出之告訴，應僅得認屬「告發」：

（一）刑事訴訟上「告訴」、「自訴」、「告發」

相信看到上面那段所提到的告訴、自訴、告發，許多讀者一定無法分辨其差異，在此為各位讀者概略說明：

1.告訴

指犯罪之被害人或與被害人有特定關係之人（例如：被害人之直系親屬），向犯罪偵查機關（包括檢察機關、司法警察機關）申報犯罪事實，並請求偵查機關提起追訴之意思表示。並由檢察官查明犯罪事實後，向法院提起「公訴」，藉由國家的力量來追訴犯罪。

2.自訴

相較於「告訴」，不同的是，提起自訴時就不會是由檢察官代替人民調查犯罪證據並向法院提起「公訴」，由檢察官代替人民追訴犯罪事實。而是由犯罪被害人自行委任律師，以自身的身分向法院請求訴追犯罪行為人之犯罪事實。因此自訴就是所謂的「自己起訴」。

3.告發

指犯罪之被害人或不特定第三人向偵查機關申報犯罪事實，但不具有請求偵查機關進行訴追之意思。得行使告發之人就不若告訴一般僅限犯罪之被害人或與被害人有特定關係之人，任何不特定第三人在知悉有犯罪事實時，均得以向偵查機關告發。

（二）管理委員會無告訴能力

刑事訴訟法中，「告訴」之規定，規定在第232條「犯罪之被害人，得為告訴」。由本條可知，在刑事訴訟中，可以提出告訴之人，須為犯罪之「被害人」，而做為提出告訴之主體，所謂的被害人，指的是在法律上具有法律人格的自然人或法人，非法人團體就不在得為被害人資格之列。在前段討論管理委員會是否可以做為民事訴訟之當事人時，即有討論到，管理委員會是為非法人團體。又公寓大廈管理條例第38條的立法目的就明確說明了「管理委員會依民事訴訟法第40條可以為訴訟之當事人」。因此在刑事訴訟中，管理委員會做為非法人團體，並不符合得成為「被害人」之資格，因此不得以提出告訴之方式提出刑事告訴。

（三）管理委員會無自訴能力

關於所謂的「自訴」規定在刑事訴訟法第319條第1項前段「犯罪之被害人得提起自訴。」可以提起自訴之主體同樣必須是犯罪之「被害人」，與管理委員會不得提起告訴之理由相同，管理委員會是非法人團體，並不符合得提出告訴之「被害人」之資格。故管理委員會在刑事訴訟上不得提出自訴。

（四）應以區分所有權人之名義提出告訴或自訴

倘若管理委員會不得提出告訴或自訴，當社區之公共財物遭人惡意損壞或其他社區住戶共有之權利遭人侵害時，應如何處理？

在此情況下，因為是社區住戶的共有權利遭到行為人以犯罪的方式予以侵害，社區全體住戶均具有刑事訴訟法第232條及第319條第1項所稱「犯罪被害人」之身分，因此只需要由全體住戶中之一人以被害人之身分提出告訴或自訴即可，犯罪行為人就會受到國家刑事處罰的訴追，經法院審判後受到應受之處罰。

重點整理

管委會如何代表社區

管委會在法律上之性質：**非法人團體**	
訴訟之種類	管委會得否以自己之名義為之
民事訴訟	**可以**，管委會得擔任民事訴訟中之被告或原告（具當事人能力）
行政訴訟	**可以**，管委會得擔任民事訴訟中之被告或原告（具當事人能力）
刑事訴訟	告訴：**不可以**，應以區分所有權人名義而為之 自訴：**不可以**，應以區分所有權人名義而為之

國家圖書館出版品預行編目

公寓大廈法務管理教戰手冊 / 東海國際顧問有限公司作. -- 臺中市 : 東海國際顧問有限公司, 2022.12
面； 公分
ISBN 978-626-96954-0-9(平裝)

1.CST: 營建法規 2.CST: 營建管理 3.CST: 公寓

441.51 111020794

公寓大廈法務管理教戰手冊

作　　者／東海國際顧問有限公司
主　　編／林恩瑋
出　　版／東海國際顧問有限公司
40342 台中市西區自由路一段106號2樓之1室
電話：+886-4-2222-0667
傳真：+886-4-2221-1909
E-mail：lucasfan@thilc.com.tw
製作銷售／秀威資訊科技股份有限公司
114 台北市內湖區瑞光路76巷69號2樓
電話：+886-2-2796-3638
傳真：+886-2-2796-1377
網路訂購／秀威書店：https://store.showwe.tw
博客來網路書店：https://www.books.com.tw
三民網路書店：https://www.m.sanmin.com.tw
讀冊生活：https://www.taazc.tw

出版日期／2022年12月
定　　價／360元